Max Hunger

Wilde Geest

Tiere, Pflanzen und Exoten im Landkreis Oldenburg

Max Hunger

Wilde Geest

Tiere, Pflanzen und Exoten im Landkreis Oldenburg

ISENSEE VERLAG
OLDENBURG

Mit freundlicher Unterstützung durch

Naturschutzstiftung
Landkreis Oldenburg

Sofern nicht anders angegeben sind alle Abbildungen von Max Hunger.

Bibliografische Information der Deutschen Bibliothek
Die Deutsche Bibliothek verzeichnet diese Publikation in der Deutschen Nationalbibliografie; detaillierte bibliografische Daten sind im Internet über <http://dnb.d-nb.de> abrufbar.

2. Auflage
ISBN 978-3-7308-1991-3

Gedruckt bei Isensee in Oldenburg

Junge Wiesenweihe auf Jungfernflug

Inhaltsverzeichnis

Was versteht der Autor unter „exotisch“?

Für ihn sind das nicht nur Pflanzen und Tiere, die im Landkreis Oldenburg zugezogen sind (Neophyten bzw. Neozoen), sondern auch Lebewesen, die besonders (z.B. farbenprächtig) aussehen oder aber durch ihre Verhaltensweise besonders auffallen.

Die Wiesenweihe (oben mit Beute)

Vorwort

Es freut mich, ein reich bebildertes Buch einzuleiten, das der Autor Max Hunger nicht nur für den Landkreis Oldenburg geschaffen hat. Nach der Definition des Wortes Exoten, handelt es sich hierbei um Menschen, Pflanzen und Tiere, die aus einem weit entfernten Gebiet stammen. Der Autor definiert diesen Begriff Exoten nun in seiner schriftstellerischen Freiheit für unseren Landkreis neu. Er regt aber dadurch sofort unser Interesse und unsere Neugier an, was hoffentlich zum sofortigen Durchstöbern des gesamten Werkes führen wird.

Nur dank seiner unendlichen Geduld, seines fotografisches Geschicks und seines Fleißes konnte dieses lehrreiche Buch entstehen. Unsere Augen zeigen uns die Schönheit dieser Welt und erschließen unsere Umwelt und unsere Natur dreidimensional. Die Fotografie kann dies nicht, sie zeigt uns immer nur eine Momentaufnahme, einen Augenblick. Unsere Augen können daher auch keine Bilder an Dritte versenden. Diese Bilder bleiben für immer in unserem Gedächtnis und wir können Sie unseren Mitmenschen nur beschreiben, nie zeigen.

Max Hunger zeigt uns in seinem Buch seine persönlich wichtigsten Bilder. Die Entstehungsgeschichte bleibt in seinem Gedächtnis und ist nicht vermittelbar. Die Naturschutzstiftung des Landkreises Oldenburg unterstützt deshalb gerne finanziell das Anliegen des Autors seine Exoten im Landkreis für alle sichtbar zu machen, sie zu schützen, aber auch auf die Gefahren der Weiterverbreitung hinzuweisen.

Michael Feiner
Kuratoriumsvorsitzender

Admiral

Der **Admiral** stammt aus Südeuropa, fliegt im Frühjahr zu uns ein, legt in der Zeit von Mai bis Juni seine Eier an Brennesseltrieben ab, wo die Raupen selten zu sehen sind, da sie zwischen zusammengerollten Blättern leben.
Er frisst gern an Sommerflieder, Goldrute und Fallobst!

Die Nachkommen der im Frühjahr eingewanderten Falter kehren im Herbst in die Heimat der Elterngeneration zurück.

Admiral auf Hortensie

Ameisenjungfer (bzw. -löwe)

Die **Ameisenjungfer** ist ein Insekt, das zu den Hautflüglern gehört, wie ein „Goldauge“ aussieht und als Larve (= Ameisenlöwe) am Ende eines sandigen Trichters lebt und auf Ameisen oder Spinnen wartet, die dort hineinfallen und nicht wieder hochklettern können.

Die Larve: Ameisenlöwe

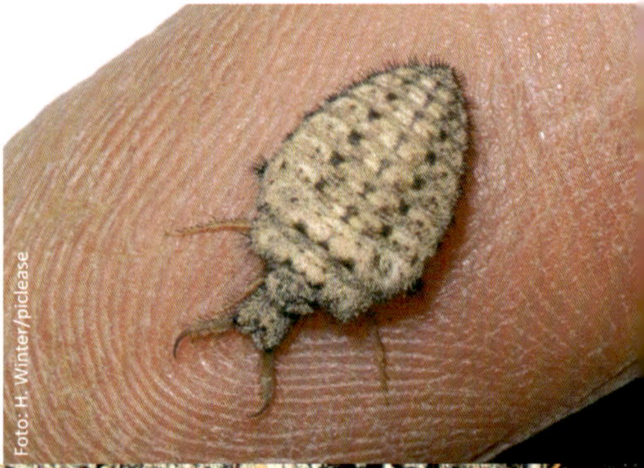

Foto: H. Winter/piclease

Die Trichter

Das fertige Insekt: die Ameisenjungfer

Foto: E. Wachmann/piclease

Austernfischer

Austernfischer gehören zu den Watvögeln (Limikolen) und damit eigentlich an die Küste, sind aber seit über 10 Jahren auch im Binnenland zuhause. Sie brüten auf den Schul- bzw. Turnhallendächern in vielen Gemeinden des Landkreises (z.B. Großenkneten, Hatten, Wildeshausen). Das Weibchen baut kein richtiges Nest, drückt ihren Körper in den lockeren Untergrund und legt dort 3 Eier ab. Es wird ständig vom Partner bewacht und mit lauten Kliep-, Kliep-Rufen und Sturzflügen, die Eindringlinge vertrieben. Die geschlüpften Jungen finden als Nestflüchter gute Deckung unter den verschiedenen Sedum-Arten (s.u.). Die gezeigten Fotos stammen aus Ahlhorn bzw. vom Sportplatz in Sandkrug (s.re.).

„Sportlicher´´ Nachwuchs

Baummarder

Sein Verwandter, der Steinmarder, ist hinlänglich bekannt als Störer der Nachtruhe, wenn er sich auf Dachböden häuslich eingerichtet hat (kleiner Tipp zum Vergrämen: dort regelmäßig Parfum ausbringen!) oder als Verursacher von Zündkabelschäden bei Autos, die in Carports stehen. Der **Baummarder** hingegen führt eher ein zurückgezogenes Dasein. Er lebt in Wäldern, nicht in der Nähe des Menschen. Der Baummarder besitzt einen braunen (Steinmarder dagegen: weiß) Kehlfleck, der Ausläufer bis zu den Vorderpfoten hat. Er misst 50 cm, wobei der Schwanz allein 25 cm lang ist. Tagsüber versteckt er sich in Baumhöhlen, geht nachts auf Beutezug. Als guter Kletterer legt er auch größere Strecken in Baumwipfeln zurück. Er ist ein Allesfresser: vertilgt Waldfrüchte, Insekten, Kleinsäuger (z.B. Mäuse) und junge Vögel. Das Weibchen bringt im Frühjahr 2 bis 4 Junge zur Welt, die im ersten Jahr bei der Mutter bleiben.

Das Foto zeigt eines von 4 Jungtieren, die keine 2 m von meinem Standort herumtollten.

Bienenfresser

Sie tragen ihren Namen zu Unrecht, da sie auch Wespen, Libellen und andere fliegende Insekten fressen. Ursprünglich im Mittelmeerraum beheimatet, ist diese Vogelart auch mittlerweile in Norddeutschland anzutreffen: In der Gemeinde Visbek seit einigen Jahren mit mehreren Paaren, aktuell auch in der Gemeinde Großenkneten. Hier konnte ein Paar seine Jungen aufziehen. Ob das Auftreten dieser Art auch eine Folge der Klimaerwärmung, lässt sich derzeit nur vermuten.

Berufkraut

Das **Berufkraut** stammt aus Nordamerika (Kanada), ist eine Pionierpflanze aus der Familie der Korbblüher. Als mehrjährige Staude wird sie oft größer als einen Meter. Tiere fressen sie nicht, sie enthält Bitter- und Gerbstoffe, die, als Tee verabreicht, harn- und schweißtreibend wirken.
Ihr Name leitet sich nicht von einer Tätigkeit ab, sondern rührt von dem Aberglauben her, sie würde vor „Berufen“ (Verhexen, früher Abberufen) schützen.

C-Falter

Der **C-Falter** gehört zu den Fleckenfaltern wie Admiral und Tagpfauenauge. Der eigenwillige Name ist auf die Form des Buchstabens zurückzuführen, der in weißer Farbe auf der Unterseite der Hinterflügel zu erkennen ist. Die Raupen fressen im Mai/Juni auf Brennesseln und Johannissträuchern, die fertigen Insekten suchen im späten Juni und im Juli ihre Nahrung. Sie sind verbreitet in Europa und Asien sowie in Nordafrika.

Foto: Vassil, CC0, via Wikimedia Commons

Wollhandkrabbe aus der Hunte als Beifang beim Angeln (Foto: Jannes Hunger)

Chinesische Wollhandkrabbe

Benannt nach der Behaarung der Scheren beim Männchen, frisst dieses nachtaktive Tier in erster Linie Wasserpflanzen, aber auch Insektenlarven, Muscheln und Schnecken. Diese Art lebt in Süßwasser, wandert zur Paarungszeit flussabwärts täglich einige Kilometer und laicht im Brackwasser ab. Das Weibchen trägt die befruchteten Eizellen (ca. 250 000 – 900 000) am Körper und gibt sie nach 4 Monaten ins Wasser ab. Dann sterben sie – sie pflanzen sich also nur einmal im Leben fort.

Drüsiges Springkraut

Ein invasiver Neophyt, der im 19. Jahrhundert nach Europa kam, in kurzer Zeit bis 2m hochwächst und viel Wasser benötigt, Blütezeit von Juni bis Oktober, Samenproduktion von 1600 – 4300 pro Pflanze. Produziert hochwertigen, zuckerhaltigen Pollen, der gerne von Honigbienen gesammelt wird.

Eisvogel

Ein farbenprächtiger Vogel, der das ganze Jahr über bei uns weilt. Er ist an Flüssen (wie z.B. an der Hunte) und an stehenden Gewässern (z.B. Ahlhorner Fischteiche u.a.) zuhause. Zum Nestbau wird ein Steilufer benötigt, in das hinein er eine Röhre mit einem endständigen Kessel gräbt. Dieser sehr scheue Geselle lässt sich am besten an seiner Ansitzwarte (bestimmter Zweig in Ufernähe, von wo er nach Fischen Ausschau hält) beobachten. Im harten Winter hat er wegen den zugefrorenen Seen Probleme, Beute zu machen. Dann findet man häufig gleich mehrere **Eisvögel** an einer eisfreien Stelle.

Eisvogel auf dem Weg zu seinem Nachwuchs, zu erkennen an der Haltung des Fisches (Kopf vorne, Schuppen nach hinten!)

Fischadler

Kommen im Landkreis Oldenburg nur einzeln vor, brüten am Dümmer und Steinhuder Meer als Paare. Obwohl ihm die Landesforsten 2 Horstmöglichkeiten gebaut haben, findet der **Fischadler** an den Ahlhorner Fischteichen zwar reichlich Nahrung, aber keinen Partner.

Foto: Hendrik Bente

Fischadler in einem Naturschutzgebiet in der Gemeinde Großenkneten

Fuchs
Warteposition

Achtung!

Sprung!

Erfolgreiche Jagd!

Fuchs

(siehe vorherige Seiten)

Der **(Rot-) Fuchs** kommt im Landkreis Oldenburg noch ziemlich häufig vor. Als dämmerungs- bzw. nachtaktiver Jäger, der in erster Linie Mäuse frisst, wird er von der Bevölkerung eher selten gesehen. Als Überträger des Fuchsbandwurms ist er gefürchtet. Wer schon einmal das Glück hatte, ihn bei der Jagd zu beobachten, wird verstehen, warum er in diesem Buch aufgelistet ist. Zunächst verharrt er in der typischen Warteposition (Foto 1). Wenn er eine Beute erspäht hat, stellt er sich auf alle Läufe. Es sieht aus als wenn er elektrisiert ist: Starr stehen und Schwanz (Lunte) abspreizen (Foto 2). Dann plötzlich Sprung nach vorn (Foto 3) und mit der Schnauze bzw. den Eckzähnen (den Fängen) die Beute packen (Foto 4). So geschehen an einem frühen Morgen Ende April.

Grünspecht

Der **Grünspecht** ist bei uns noch recht zahlreich vertreten.
Er ernährt sich fast ausschließlich von Ameisen und ist häufig auf den Rasenflächen von Wohnsiedlungen zu finden. Im Jugendkleid (s. Foto 1) ist die Brust quer gesperbert, als ausgewachsene Vögel sind sie am olivgrünen Gefieder mit rotem Scheitel zu erkennen, das Männchen besitzt einen roten Bartstreif (s. Foto 2), der schwarz umsäumt ist, das Weibchen hat auch diesen Bartstreif, jedoch ohne die Rotfärbung. Der Balzruf („glückglückglückglück“) ist weithin zu hören. Der Grünspecht trommelt wenig, der Eingang seiner Baumhöhle ist meist kugelrund. In schneereichen Wintern ist seine Anwesenheit gut zu erkennen: Schneefreie Krater und ausgezupftes Moos zeugen davon, dass der Grünspecht auf dem Rasen nach Ameisen gesucht hat.

Junger Grünspecht

Männlicher Grünspecht

Halsbandsittich

Dieses eine Exemplar tauchte 2015 in Ganderkesee auf. Kommt im Nordwesten seltener vor, mehr im Rheinland, v.a. in Parkanlagen von Großstädten wie Köln und Düsseldorf, aber auch in Hamburg, Berlin und Hannover sind diese geselligen, höhlenbrütenden Vögel zu finden. Ursprünglich sind sie im westlichen Afrika zuhause und in Teilen Asiens. Schätzungen gehen von ca. 8000 **Halsbandsittichen** in Deutschland aus.

Stahl, Sanitär, Ze
Werkzeuge und

Hirschkäfer

Dieser große Käfer, der in einigen Regionen schon als ausgerottet gilt, ist zumindest in der Heimatgemeinde des Autors noch jedes Jahr anzutreffen. Der Männchen der **Hirschkäfer** (Lucanus cervus) misst mit seinen umgestalteten Oberkiefern (ähnlich einem Hirschgeweih) ca. 75 mm und ist damit der größte Käfer Europas. Das Weibchen ist fast um die Hälfte kleiner, legt die Eier in alte Stümpfe oder Stämme von Eichen (oder auch Buchen und Ulmen). Die Entwicklungszeit der Larven nimmt 5 Jahre in Anspruch, wobei die fertigen Käfer dann im Herbst schlüpfen, aber erst im Frühjahr (Juni/Juli) aus ihren Verstecken (s. Foto u. li.) kommen. Sie ernähren sich nicht räuberisch, sondern lecken gern an Stellen, wo süßer Baumsaft austritt. Die Oberkiefer werden nicht wirklich als Waffe eingesetzt, sondern dienen im Kampf um Weibchen nur als Mittel, um Nebenbuhler wegzudrücken.

Igel

Der **Igel** ist in der Regel in der Dämmerung und nachts aktiv, rollt sich bei Gefahr ein und verharrt solange in dieser Position bis die Gefahr vorüber ist. Bis zum Herbst hat er sich eine Fettschicht angefressen und verschläft den Winter in einem geschützten Versteck (z.B. Reisighaufen, Igelhaus oder ähnlichem). Im Frühjahr bringt die Igelin 4-6 Junge zur Welt. Sie haben die Augen noch nicht geöffnet (Foto 1). Sollte man kleine Igel im Garten ohne Elterntiere finden (Foto 2), kann man Katzenfutter als Ergänzungsnahrung anbieten. Auf keinen Fall Weide- oder Vollmilch geben, die vertragen die Jungigel wegen der Laktose nicht!

Igel, keine 24 Stunden alt

Igel, ca. 4 Wochen später

Jagdfasan

Der Jagdfasan wurde schon von den Römern in Mitteleuropa eingebürgert, stammt ursprünglich aus dem asiatischen Raum. Er bevorzugt offene Kulturlandschaften mit artenreicher Vegetation, ist aber auch auf die Nähe von Wasser angewiesen. Das Männchen ist zur Paarungszeit besonders bunt gefärbt und trägt lange Schmuckfedern, das Weibchen ist eher schmucklos braun, was sie aber eher vor Fressfeinden schützt. Die Männchen leben nicht monogam, kümmern sich daher eher weniger um ihren Nachwuchs.

Jakobskreuzkraut

Das **Jakobskreuz**- oder auch **Greiskraut** genannt, ist kein Neophyt, sondern hat es früher schon auf Weiden gegeben. Neu ist allerdings das extrem starke Auftreten dieses giftigen Korbblühers, der bis zu 1 m in die Höhe wächst und typischerweise 13 gelbe Zungenblütenblätter hat. Wenn die Pflanze von Weidetieren (Schaf, Ziege, Pferd, Rind) gefressen wird, reichern sich die Giftstoffe in der Leber an und führen zu chronischen Krankheitsverläufen bis hin zum Tod. Ob sich das Eintragen des Pollens durch Honigbienen durch Verzehr des Honigs negativ auf den Menschen auswirken könnte, ist derzeit noch nicht abschließend geklärt. Raupen des Karminbärs (Nachtfalter) fressen die Blätter und Blütenstände (s. Foto oben).

Kanadische Goldrute

Diese **Goldrutenart** ist in Mitteleuropa ein Neophyt, stammt ursprünglich aus Kanada. Die fast 100 Arten dieser Korbblüher kommen vorwiegend in Nordamerika vor, überdauern den Winter mit Rhizomen, haben eine Wuchshöhe von bis zu 1 m (gelegentlich auch höher) und verbreiten ihre Samen ähnlich wie der Löwenzahn („Pusteblume“).

Kanadagans

Kanadagänse kommen zum Beispiel an einigen Fließgewässern z.B. Weser) an jeder Flussbiegung vor. Diese Aufnahme zeigt eine ganze Familie, die an einem Privatteich an der A 29 zuhause war. An Land schreitet von den Altvögeln immer einer vorneweg, der

Partner sichert nach hinten die Familie ab. Sehr aufmerksame Vögel, deren Verwandte (normale Hausgänse) nicht umsonst im Mittelalter Burgen bewacht haben und frühzeitig herannahende Angreifer durch lautes Geschnatter ankündigten.

Kernbeißer

Kernbeißer sind leicht an ihrem großen, kräftigen Schnabel zu erkennen, mit dem sie sogar Kirsch- und Pflaumenkerne aufknacken können. Als Körnerfresser verschmähen sie das Fruchtfleisch, sind nur am Samen interessiert.

Sie sind eher selten zu beobachten, weil sie kaum singen und versteckt in den Baumwipfeln von Laub- und Mischwäldern leben. Im Winter kommen sie gerne an die Futterhäuser, wo sie sich dann auch gut beobachten lassen.

Kleiber

Der **Kleiber** gehört zu den Spechtmeisen und ist der einzige Vogel, der kopfüber die Bäume auch herunterklettern kann. Zur Brutzeit mauert das Männchen das Einflugloch seiner Höhle bis auf einen schmalen Spalt zu, um das Weibchen vor Fressfeinden zu schützen. Dann muss er Nahrung für alle Höhlenbewohner (Weibchen plus Nachwuchs) heranschaffen und im Gegenzug die produzierten Exkremente entsorgen. Sollte das Männchen von seinen Ausflügen nicht zurückkehren (weil es möglicherweise von einem Sperber gegriffen wurde), hackt das Weibchen das Einflugloch wieder frei und geht selbst auf Nahrungssuche.

Kolkrabe

Ist die größte von 9 Rabenvogelarten, dessen Ruf namensgebend war. Bis 1940 durch intensive Bejagung in Mitteleuropa fast ausgerottet. Durch ganzjährige Schonzeit erholte sich der Bestand und ist mittlerweile auch im Landkreis Oldenburg mit einigen Paaren wieder ansässig.

Kranich

Diese großen Vögel lieben die Abgeschiedenheit von Mooren und Wäldern. Sie brüten auch in einem Naturschutzgebiet im Oldenburger Land (Nistorte werden hier aus verständlichen Gründen nicht genannt!). Nur zur Zugzeit im Herbst und Frühjahr versammeln sie sich in der Dämmerung zu Tausenden z.B. im Goldenstedter Moor, um dort die Nächte gemeinschaftlich zu verbringen. Tagsüber stehen sie auf den abgeernteten Maisfeldern, um sich für den Weiterflug zu stärken. Sie kündigen sich schon von weitem durch lautes Trompeten an. Besonders schön zu beobachten, wenn **Kraniche** während des Sonnenuntergangs ins Moor einfallen.

Kuckuck

Der **Kuckuck** ist in vielerlei Hinsicht ein Exot: Wenn das Männchen Ende April aus seinem Winterquartier in Afrika zurückkehrt, besteht seine Hauptaufgabe darin, durch lautes Rufen sein Revier zu erobern bzw. zu verteidigen. Ende Mai erst folgen die Weibchen, die sich dann für ein Revier bzw. Partner entscheiden. Bekanntermaßen legen sie nach der Paarung ein Ei („Kuckucksei“) in das Nest eines Wirtsvogels (z.B. Teichrohrsänger). Das Weibchen muss dazu den Moment abpassen, wenn kein Wirtsvogel in Nestnähe ist. Wenn das Kuckucksjunge geschlüpft ist, rollt es die anderen Eier aus dem Nest und die Wirtsvögel beginnen instinktiv mit dem Füttern des Jungen, das nach kurzer Zeit auch schon größer ist als seine Zieheltern. Mitte Juli/Anfang August treten alle Kuckucke die Reise ins Winterquartier an. Wenn allerdings die potenziellen Wirtsvögel der Kuckucke bedingt durch ein warmes Frühjahr schon zeitig mit Nestbau und Jungenaufzucht begonnen haben, hat der Kuckuck Probleme mit der Eiablage und muss darauf hoffen, dass die Wirtsvögel eine zweite Brut beginnen.

Westliche Feuerlibelle

Diese rotgefärbte Libelle stammt ursprünglich aus dem Mittelmeerraum. Ihre Färbung hängt von der Umgebungstemperatur ab, ist also mehr oder weniger intensiv rot gefärbt. Wie alle Libellen ernährt sich auch die **Feuerlibelle** von kleinen Insekten. Früher als Wanderlibelle bekannt, bleibt sie aufgrund des Klimawandels heute in ihrem Lebensraum.

Foto: Renate Wilgen

Mandarinente

Die **Mandarinente** stammt ursprünglich aus China und wurde in Europa eingebürgert. Im Flug pfeift das Männchen „wrrick“, das Weibchen einfach „ack“. Halten sich bevorzugt an Gewässern im Wald auf oder aber wie das abgebildete Exemplar in Wildeshausen auf der Hunte.

Mauersegler am Starenkasten

Mauersegler

Die **Mauersegler** gehören zu den Seglern und kommen Anfang Mai zu uns. Von Rauch- und Mehlschwalben am langen, gebogenen Flügeln mit kurzem Schwanz zu unterscheiden und bis auf den hellen Kehlfleck dunkel gefärbt. Da ihre Füße nicht zum Landen auf Ästen geeignet sind, müssen sie permanent fliegen. Sie schlafen auch im Flug. Zum Nestbau reichen ihnen ein paar Halme.

Muffelwild

Muffelschafe wurden früher aus Sardinien/Korsika bei uns eingeführt, lebten u.a. in der Lüneburger Heide/Göhrde und wurden in den letzten Jahren durch den Wolf in ihrem Bestand stark dezimiert. Das Foto zeigt eine kleine Gruppe dieser Spezies (hier: 8 Muffelwidder) in einem Gatter in Huntenähe.

Nashornkäfer

Nur das Männchen des **Nashornkäfers** trägt am Kopf ein nach hinten gebogenes Horn, das Weibchen an selbiger Stelle nur ein kleines, dreieckiges Plättchen. Früher waren sie in Eichenwäldern zuhause, heute findet man ihre zentimeterdicken Larven häufig in Kompost- oder Dunghaufen. Ihre Entwicklung dauert 2-3 Jahre. Die fertigen Insekten fliegen in den Abendstunden, v.a. im Frühjahr und Sommer. Ihr Verbreitungsgebiet reicht von Klein- und Vorderasien, Nordafrika bis fast ganz Europa.

Nilgans

Die **Nilgans** stammt eigentlich aus Nordafrika, wurde in Europa im 18. Jahrhundert als Ziervogel eingebürgert. Sie verbreitete sich von Holland aus rheinaufwärts. Nilgänse leben während der Jungenaufzucht streng territorial, dulden andere Wasservögel nicht in ihrer Umgebung.

Nutria

Die **Nutria**, auch „Sumpfbiber" genannt, stammt aus Nordamerika, wurde 1925 in Deutschland eingeführt. Die ausgewachsenen Tiere werden bis 65 cm lang und ca. 10 Kg schwer. Sie sind gut an der Orange-Färbung der Schneidezähne zu erkennen, leben monogam und pflanzen sich ganzjährig fort. Die Weibchen bekommen nach 19 Wochen Tragzeit 6 – 8 Junge, die schon nach 5 Monaten geschlechtsreif sind. Die Nutria unterhöhlen Uferbereiche, ihre Eingänge liegen stets oberhalb der Wasseroberfläche. Sie standen zu DDR-Zeiten auf den Speisekarten der ostdeutschen Gasthäuser, ihr Fleisch ähnelt dem Geschmack von Kaninchen.

Sie sind bei der Nistplatzsuche nicht wählerisch: nisten im Röhricht, im Felsgestein, in Krähennestern, aber auch in Greifvogelhorsten und Storchennestern. Dieser Vogel ist seit 2017 von der EU als invasive Art eingestuft.

Pfau

Der **Pfau** wird nicht nur bei uns im Landkreis als Ziervogel gehalten. Er stolziert häufig freilaufend in zoologischen Gärten oder Parks zwischen den Besuchern.
Er stammt eigentlich aus Indien/Sri Lanka, fand schon in der griechischen Antike Erwähnung. Beide Geschlechter besitzen eine Federkrone am Scheitel, wobei das Männchen mit seiner Schwanzschleppe 2 m misst, das Weibchen mit 1 m deutlich kleiner ist. In seiner ursprünglichen Heimat bedeutet sein Ruf so viel wie Regen kommt und es wird ihm nachgesagt, vor Unwettern warnen zu können.

Rebhuhn

Das **Rebhuhn** ist als „Bodenvogel“ optimal an seine Umgebung angepasst, hält sich am liebsten in abwechslungsreicher Landschaft mit viel Deckung und samenreicher Vegetation auf. Obwohl es seit Jahren wenig bejagt wird, ist die Population deutlich zurückgegangen. Das Männchen besitzt einen braunen Brustfleck. Der Name rührt wohl von dem Geräusch beim Auffliegen her, hört sich an wie „reb, reb, reb“. Aufgrund der milden Witterung konnten sich in den letzten Jahren die Populationen von Hase und Fasan positiv entwickeln. Darauf folgt auch eine Zunahme der Beutegreifer wie z.B. Fuchs, der dann eher leicht zu schlagende Beute (wie Mäuse) frisst und damit weniger auf Rebhühner zurückgreift. Das bedeutet, dass die Rebhuhnpopulation wieder anwachsen kann. Wenn die Anzahl der Beutegreifer anwächst, hat das zeitlich verzögert wieder Auswirkungen auf die Beutepopulation, usw.

Ringdrossel

Die **Ringdrossel** ähnelt der Schwarzdrossel, besitzt aber ein weißes Brustschild und einen hellen Flügelfleck. Ist in Skandinavien und dem Baltikum Brutvogel und bei uns auf dem Zug im Winter zu Gast.

Schellente

Die **Schellente** besitzt eine charakteristische, dreieckige Kopfform, wobei das Männchen dort grün gefärbt ist mit einem weißen Fleck in Schnabelnähe, das Weibchen braun. Beim Aufsteigen von der Wasserfläche verursacht die Schellente Geräusche wie von einem Musikinstrument (Schelle), das ihr den Namen gab.

Als Höhlenbrüter ist die Schellente auf Schwarzspecht- und andere Baumhöhlen angewiesen. Sie nimmt auch gerne künstliche Nisthilfen aus Holzbeton an, die in größerer Höhe aufgehängt sein sollten. Die Jungen sind Nestflüchter und verlassen kurz nach dem Schlüpfen ihre Behausung. Wenn ihre Mutter unten am Boden ruft, stürzen die Kleinen sich in die Tiefe und folgen ihr ins Wasser. Da sie nur wenige Gramm wiegen, überleben sie alle den Sturz aus großer Höhe.

Schwarzstorch

Der **Schwarzstorch** ist im Landkreis Oldenburg (NSG Huntloser Moor) nur gelegentlich als Gast zu sehen. Als reiner Waldstorch sucht er die Abgeschiedenheit der Wälder. Vor Jahren wurde erzählt, dass in der Dehmse (Gemeinde Harpstedt) ein Brutpaar vorkäme, was sich aber dort nicht etabliert hat. Im Vergleich zum Weißstorch kommt er sehr selten vor. Im Frühjahr ist einer häufig Gast in der Wesermarsch. Vermutlich wurde er dort in der Storchenstation in Berne aufgezogen.

Seeadler

Mit einer Körperlänge bis 92 cm ist er der größte Greifvogel Deutschlands. Seine Flügelspannweite variiert von 193 bis 244 cm, wobei das Weibchen größer und schwerer ist als das Männchen (wie bei vielen Greifvögeln). Das Verbot von DDT in Deutschland (1972) wirkte sich positiv auf die Eischalendicke bei Fisch- und **Seeadler** aus. Die Altvögel zerstörten ihre Eier nicht mehr durch ihr Körpergewicht beim Brüten und so konnten sich die Populationen wieder erholen. In der Wesermarsch brüten jetzt bereits 4 Paare, der Neubürger im Landkreis Oldenburg jetzt im zweiten Jahr auf einem Horst in einem FFH-Gebiet in der Gemeinde Großenkneten. Zu bewundern ist seine stoische Ruhe: er kann durchaus mehrere Stunden auf einer Baumspitze verharren, lässt sich auch nicht im geringsten von mehreren, auf ihn herunterstürzenden Rabenvögeln, einschüchtern.

Unruhe unter den Wasservögeln (Enten und Gänse) sowie beim Kiebitz kommt erst auf, wenn der Seeadler auf Beutezug geht (diese Aufnahme wurde am Alfsee gemacht).

Sikawild

Das **Sikawild** ist eine Spezies, die ursprünglich in Japan zuhause war (lat. Name Cervus nippon) und 1893 in Deutschland angesiedelt wurde.

Im Landkreis Oldenburg lebt ein Rudel in einem Gatter im östlichen Teil der Gemeinde Großenkneten. Erwachsene Tiere wiegen weniger als 80 kg. Damit sind sie deutlich schwerer als das Rehwild (ca. 15 – 20 kg) und leichter als das Damwild, das bis zu 100 kg wiegen kann.

Sikahirsch

Sikakalb

Silberreiher

Die Population dieses großen, weißen Reihers im Landkreis Oldenburg wächst stetig, obwohl nicht bekannt ist, wo er seine Nistplätze hat. Laut Literatur wird er nur an wenigen Stellen in Mecklenburg-Vorpommern in Graureiherkolonien geduldet oder aber soll er seinen Nistplatz in Röhricht haben.

Der **Silberreiher** ist nur mit (seltenen) Albinos von Graureihern zu verwechseln, aufgrund seiner Größe nicht für den **Kuhreiher** zu halten, der mittlerweile auch in Norddeutschland vorkommt, aber viel kleiner ist und bisher nur in der Wesermarsch beobachtet wurde.

Kuhreiher

Sperber

Der **Sperber** ergreift seine Beute im Flug. Im Winter ist er häufiger Gast an Futterhäusern, die für ihn wie eine Speisekammer sind. Als Beutegreifer hat er eigentlich aber nur eine Chance, einen Vogel zu ergattern, wenn keine ausreichende Deckung (z.B. Hecke) in der Nähe ist, wo die Singvögel die aufgenommenen Samen in Ruhe fressen können. Der Sperber scheut aber auch nicht davor zurück sich z.B. in einen alleinstehenden Holunderstrauch zu stürzen, worauf die dort rastenden Vögel fluchtartig ihr Versteck verlassen und zum nächsten Baum/Haus fliegen. Der Sperber hat sich dann in der Zwischenzeit berappelt und greift sich den langsamsten „Flüchtling“. Das Foto zeigt einen Sperber in unmittelbarer Nähe eines Futterhauses. Die Vögel sind bereits in Deckung gegangen und der Sperber geht dieses Mal leer aus.

Und so sieht die Mahlzeit aus, wenn der Sperber erfolgreich war und die Beute (schwarze Amselfedern, Bildmitte li.) verzehrt hat. Gut zu erkennen ist auch der weiße Kotstrich (Bildmitte re.), den er typischerweise nach der Mahlzeit hinterlässt.

Steinkauz

Diese kleine Eule (ca. 20 cm groß) ist ein Höhlenbrüter und bezieht gerne 1 m lange Röhren, die ihm Vogelfreunde in die Bäume oder Weideschuppen hängen. Die Naturschutzstiftung des Landkreises Oldenburg hat sich seit über 20 Jahren dieses besonderen Vogels angenommen und sorgt durch eine Reihe von Aktivisten dafür, dass genügend Wohnraum zur Verfügung steht.
Der **Steinkauz** jagt auch tagsüber, gerne von alten Weidezäunen als Ansitzwarte. Dabei erbeutet er Libellen, Mäuse, Regenwürmer und Insekten, die z.T. in der zweiten Röhre (Speisekammer) neben der eigentlichen Brutröhre, gelagert werden.

Außerdem darf das Männchen dort Schlechtwetterperioden (z.B. Starkregen) überstehen. Die Steinkauzpopulation ist starken Schwankungen unterlegen: vor über 20 Jahren gab es hier nur noch wenige Brutpaare (unter 10), vor 3 Jahren lag sie bei ca. 90 Paaren, in 2022 sind es gerade wieder über 30 besetzte Röhren, in denen Nachwuchs großgezogen wurde. Eine Ursache für den Rückgang läge vielleicht im Nahrungsmangel, vielleicht hat aber auch die Vogelgrippe in der Population ihre Opfer gefordert.

Junge Steinkäuze

Staudenknöterich (Japanischer- und Sachalinknöterich)

Der **Staudenknöterich** ist eine invasive Art, stammt aus dem asiatischen Raum, ist schnellwüchsig (wächst zwischen 10 und 30 cm am Tag), wurde vor ca. 100 Jahren nach Europa eingeführt, sollte als Äsung für Rotwild und Deckung für Fasanen dienen, wurde aber von den Tieren nicht angenommen! Exzellente Bienenweide nicht nur für Honigbienen, auch für Wildbienen. Der Staudenknöterich verdrängt jedoch heimische Arten und macht auch vor Naturschutzgebieten nicht halt. Bekämpfung sollte nach der Blütezeit erfolgen (Stichwort: Trachtenfließband!).

Traubenkirsche

Davon gibt es 3 Arten, die aus Nordamerika stammen und deren Name sich von den in Trauben angeordneten Blüten und Früchten ableitet. Die Traubenkirsche ist die häufigste, fremdländische Baumart, die bereits 1623 nach Europa eingeführt wurde. Die Samen in den Steinkernen sind giftig sowie auch die frischen Blätter, die Blausäure enthalten; die Früchte allerdings essbar, haben aber einen bitteren Nachgeschmack. Für Insekten ist dieser Neophyt aufgrund seines geringen Nektar- und Pollenwertes nicht interessant.

Wespenbussard

Der **Wespenbussard** unterscheidet sich vom Mäusebussard durch den taubenförmigen Kopf sowie durch die Querbänderung an den Schwanzfedern. Seine Nasenöffnungen am Schnabel sind nicht rund, sondern geschlitzt, damit seine Beute (Erdwespen) nicht hineinkrabbeln kann. Er schreitet viel am Boden und sucht auf Wiesen nach Mäuselöchern, in denen die Erdwespen ihr Nest gebaut haben.

Wanderfalke

Für den **Wanderfalken** hat eine große Erdgasaufbereitungsfirma in Großenkneten/Sage vor vielen Jahren einen Nistkasten in luftiger Höhe angebracht: Am zweiten Schornstein in 100 m Höhe. Dort ist der pfeilschnelle Vogel regelmäßig zu Gast und hat schon einige Bruten erfolgreich aufgezogen. Der Wanderfalke fühlt sich dort aber nur wohl, wenn er eine Schicht Steine (3 – 8 mm Körnung) unter sich hat. Da beim Anfliegen der Altvögel und durch Bewegungen der Jungen ständig Steine aus dem Nistkasten fallen, müssen immer wieder Steine nachgefüllt werden und das kann nur alle 2 Jahre erfolgen, wenn im Werk Stillstand verordnet ist. Dann werden Wartungsarbeiten durchgeführt und es können Steine in den Nistkasten nachgefüllt werden.

Wiesenweihe

Eine Rarität im Landkreis Oldenburg brütet seit 2 Jahren in Hespenbusch (Gemeinde Großenkneten) in einem Getreidefeld. Vor 2 Jahren wurden niedersachsenweit 80 Brutpaare gezählt, 2022 waren es 2 Brutpaare allein in Großenkneten, deren Nachwuchs durch aufmerksame Spaziergänger und mit Unterstützung eines Landwirts ihre Jungen aufziehen konnten. Sehr eindrucksvoll ist die Übergabe der Beute bei der **Wiesenweihe**: Das Weibchen kümmert sich zunächst

Wiesenweihenweibchen

Wiesenweihenmännchen

Junges am Boden

um den Nachwuchs und die Gefahrenabwehr, das Männchen um die Beschaffung von Fleisch in Form von Mäusen, großen Insekten und Jungfasanen usw. Kehrt das Männchen erfolgreich von der Jagd zum Nest zurück, ruft es laut. Daraufhin steigt das Weibchen auf, fliegt hinter, unter seinen Partner, ruft wenn es die Position erreicht hat. Das Männchen lässt darauf die Beute los und fliegt zum nächsten Einsatz, das Weibchen ergreift die Beute im Flug und kehrt damit zu ihren Jungen zurück.

Beuteübergabe in der Luft (Männchen, oben, lässt Beute fallen, Weibchen, unten, kurz vor Zugriff)

Wasseramsel

An sauberen, schnellfließenden Gewässern findet man an einigen Stellen im Landkreis auf den Steinen im Uferbereich (z.B. an Aue, Hunte) weiße Kotkleckse, die von **Wasseramseln** stammen. Sie sind ein untrügerisches Zeichen für die Anwesenheit von Gästen aus Skandinavien, die bei uns den Winter verbringen. Die Wasseramsel ist die einzige Vogelart, die auch unter Wasser auf Jagd (nach Wasserflöhen) gehen und sich dort schwimmenderweise fortbewegen kann.

Wolf

Im Landkreis Oldenburg gibt es Oktober 2022 lt. Statistik der Landesjägerschaft Niedersachsen (LJN) noch kein residentes Wolfsrudel, wohl aber Einzeltiere, die die Wälder durchstreifen und in verschiedenen Gemeinden Weidetiere gerissen haben. Vom Landkreis Vechta ist bekannt, das dort im Goldenstedter Moor ein Wolfsrudel ansässig ist.
Im Landkreis Oldenburg kamen vor zwei Jahren 2 **Wölfe** im Straßenverkehr ums Leben: Einer wurde beim Überqueren der A1 bei Groß Ippener angefahren, ein zweiter wurde Opfer des Straßenverkehrs in der Nähe von Bookholzberg. Insgesamt gibt es nach offiziellen Angaben der Landesjägerschaft aktuell 49 Territorien, 44 Wolfsrudel und 5 residente Einzelwölfe in Niedersachsen.

Das Foto entstand im Wolfsgehege in Springe.

Zaunkönig

Der kleine, große Sangeskünstler baut für seine „Angebetete“ 5-8 Kugelnester, bis sie sich für eine Wohnung entscheidet. Die wird unverzüglich mit Moos ausgepolstert und dann kann die Paarung stattfinden.
Sehr häufig finden sich diese Spielnester in Hausnähe, z.B. im Trockenkranz vor den Eingangstüren, auf regengeschützten Balken oder auch in alten Rauchschwalbennestern. Das Männchen schmettert seine Strophen von vielen Stellen im Unterholz, aber auch von erhöhten Positionen, immer die Schwanzfedern nach oben gestellt (wie auf dem Foto gut zu erkennen).

Anhang

Im Anhang finden sich exotische Pflanzen und Tiere, die der Autor bisher noch nicht fotografiert hat oder aufgrund ihrer nächtlichen Lebensweise nicht oder nur unzureichend ablichten konnte.

Asiatischer Marienkäfer

Dieser mittlerweile weltweit verbreitete Käfer ist für seinen ungebremsten Hunger auf Blattläuse bekannt, weshalb er schon früh aus Asien zur biologischen Schädlingsbekämpfung hier eingeführt wurde. Da diese Art auch resistenter gegen Krankheitskeime erscheint, besteht die Gefahr, dass sie hiesige Arten zurückdrängt. Im Herbst suchen die Marienkäfer frostsichere Verstecke in Häusern, Scheunen und Ansitzkanzeln auf, um den Winter zu überdauern.

Biber

Vom Kanadischen bzw. europäischen Biber gab es noch Restbestände an Elbe und Donau. Aufgrund der Unterschutzstellung ist die Population wieder angewachsen. Dieses Tier wird bis zu 20 kg schwer und ist an seinem abgeplatteten Schwanz (Kelle) zu erkennen. Die Zugänge zu seinen Burgen liegen unterhalb der Wasseroberfläche, seine Wohnkammern aber liegen darüber, sind trocken, Wasser kommt dort nicht hinein. Er wurde früher wegen seines wertvollen Pelzes, seinem begehrten Fett und zur Abwehr von Schäden fast ausgerottet. Abgeschnittene Weichhölzer (z.B. Pappeln, Weiden) und Obstbäume, die aussehen wie mit Bleistiftanspitzer bearbeitet, deuten auf seine Anwesenheit hin. An der Hunte lassen sich vor allem in der Nähe von Altarmen solche Bäume finden. Zu Gesicht bekommt man die nachtaktiven Tiere so gut wie gar nicht. Das Foto stammt von einem Biber in der Uckermark, der morgens um 5 Uhr schon/noch unterwegs war und als er den Fotografen erblickte, abtauchte (nur noch die „Kelle“ war zu sehen).

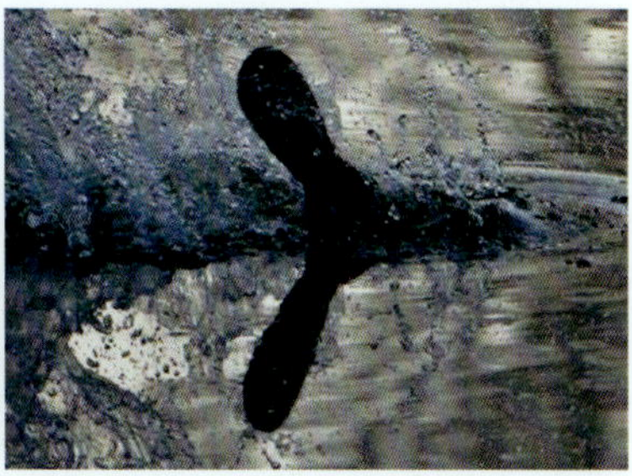

Bisam

Der Bisam stammt aus Nordamerika und ist die größte Wühlmausart. Er misst fast 60 cm, wovon der Schwanz allein ein Drittel der Länge ausmacht. Er lebt in Wassernähe und obwohl er keine Schwimmhäute besitzt, ist er ein guter Schwimmer,

der den Eingang zu seiner Höhle immer unter Wasser hat. Er frisst bevorzugt Pflanzen und ist im Normalfall dämmerungs- bzw. nachtaktiv. Natürliche Feinde sind der Rotfuchs, (Uhu) und Fischotter, der bei uns im Landkreis jetzt häufiger vorkommt. In Gebieten, wo er wenig gestört wird, ist der Bisam auch tagsüber anzutreffen (Beispiel s. Foto).

Fischotter

Auf dem Vormarsch im Landkreis Oldenburg ist dieser zu den Marderartigen gehörende Super-Schwimmer. Mit seinem geringen Gewicht (max. ca. 12 kg), Schwimmhäuten zwischen den Zehen und einer Körperlänge von 90 cm plus Schwanz (40 cm) ist das Wasser sein Element. In 60000 – 80000 Haaren pro cm², die wie ein Reißverschluss ineinandergreifen, werden Luftblasen eingeschlossen, die Wasser abweisen. Sein Fell ist immer trocken! Die Anwesenheit eines Fischotters im Revier ist mit einer Schleifspur (Schwanz) besonders gut im Winter zu erkennen, wenn seine Pfoten Abdrücke (Trittsiegel) im Schnee hinterlassen. Auch diesen nachtaktiven Jäger haben bisher nur wenige Menschen in freier Natur gesehen. Ausnahmen bilden die 4 Fischotter, die Opfer des Straßenverkehrs wurden (2 in Altona, in Aumühle und Kleinenkneten).

Herkuleskraut oder Riesen-Bärenklau

Aus der Familie der Doldenblüher ist der Bärenklau eine krautige, aus dem Kaukasus stammende Pflanze mit einer Wuchshöhe bis 3,65 m. Er blüht im Juni/Juli, enthält lichtempfindliche Substanzen, die in Kombination mit Tageslicht toxisch wirken und auf der Haut schmerzhafte und schlecht verheilende Quaddeln hervorrufen. Deshalb unbedingt Schutzkleidung beim Entfernen tragen! Eine Dolde bildet ca. 80 000 Einzelblüten mit 15 000 Früchten.

Kartoffelkäfer

Der aus Mittelamerika stammende Käfer mit dunklen Längsstreifen auf den Flügeldecken wurde vor ca. 150 Jahren auch bei uns entdeckt. Er wird bis 15 mm groß und hat hier keine natürlichen Feinde. Seine Eierpakete legt der Käfer im Juni an die Blattunterseite der Kartoffelpflanze. Das fertige Insekt überwintert im Boden.

Kartoffelrose

Die Kartoffelrose stammt aus Ostasien, ist ein Neophyt, ihre Verbreitung erfolgt über unterirdische Ausläufer. Sie ist winterhart, zeigt gutes Wachstum auch an extremen Standorten. Sie ist pflegeleicht und wird daher bei der Anlage von Gärten empfohlen. In Küstenheiden und im Bereich von Dünen wird sie nicht gern gesehen. Sie verdrängt sogar Sanddornbestände.

Kastanienminiermotte

Diese Miniermotte ist im südlichen Europa beheimatet und blieb lange Zeit unentdeckt. Sie wurde erstmals 1984 in Mitteleuropa festgestellt. Die Larven sorgen mit ihren Fraßspuren dafür, dass die Blätter der Rosskastanie sich stellenweise braun färben. Dadurch ist die Assimilation des Baumes gestört, die Blätter beginnen frühzeitig zu welken und der Blattfall beginnt vor dem Herbst. Bisher ist nicht bekannt, dass die Motte die Kastanien zum Absterben bringt.

Kiefernwanze (amerikan.)

Diese bis 2 cm große Wanze eroberte zunächst den Westen der USA, später auch den Osten. Wie es die Kiefernwanze dann 1999 nach Europa geschafft hat, ist reine Spekulation. Sie saugt an Koniferenzapfen. Ernteeinbußen bei der Saatgutproduktion sind zu erwarten.

Marderhund

Der Marderhund oder Enok stammt aus Südostasien, ist ein Allesfresser und seit 1960 in Deutschland. Vorkommen zu nächst auf ostdeutsche Bundesländer beschränkt, aber mittlerweile auch im Landkreis Oldenburg angekommen. Er lebt monogam. Das Weibchen bringt 6 – 10 Welpen in alten Fuchs- und Dachsbauen zur Welt. Der Marderhund hat bis auf den Luchs (im Harzgebiet) und den Wolf keine natürlichen Feinde!

Robinie

Die Gewöhnliche Robinie, auch Scheinakazie genannt, stammt aus Nordamerika. Sie unterscheidet sich von der Akazie durch Umgestaltung einzelner Blätter zu Stacheln. Sie gehört zu den Schmetterlingsblühern und besitzt recht wetterbeständiges Holz, das auch gute Klangeigenschaften hat. Die Blüte der Robinie stellt eine sehr gute Bienenweide dar.

Rhododendronzikade

Diese Zikade mit der bunten Körperfärbung wird in Verbindung mit einem Pilz gebracht, der Rhododendronknospen absterben lässt. Da wo die Zikaden Pflanzensaft aufgenommen haben, werden die Pflanzenblätter fleckig.

Schmuckschildkröte

Diese Wasserschildkröte stammt aus dem Osten der USA, von zoologischen Handlungen nach Europa importiert und einige Zeit nach dem Verkauf von den Besitzern in der freien Natur ausgesetzt. in Gefangenschaft liegt die Lebenserwartung bei ca. 50 Jahren, in ihrer angestammten natürlichen Umgebung ein paar Jahre weniger. Die Männchen sind ca. 10 cm kleiner als die Weibchen, die 25 cm groß werden.

Sonnentau

Der Sonnentau ist bei uns streng geschützt. Diese kleine, unscheinbare Pflanze lebt auf kargen, moorigen Böden mit wenig Nährstoffen. An den klebrigen Tentakeln seiner Blätter bleiben Insekten hängen, die der Sonnentau anschließend verdaut, dadurch z.B. an Stickstoff gelangt.

Varroa-Milbe

Die Varroamilbe ist der Schrecken aller Imker. Der Ektoparasit misst nur ca. 1 Millimeter und lebt entweder im Bienenstock oder auf dem Bienenkörper. Ihre Larven entwickeln sich in verdeckelter Drohnenbrut und ernähren sich von Körperflüssigkeit des Wirtes. Dadurch schädigen sie die sich entwickelnde Biene: Sie bleibt im Wachstum zurück, lernt langsamer, hat eine verkürzte Lebenserwartung und ist anfälliger für Krankheitserreger. Außerdem wird ihr Orientierungssinn geschädigt und sie kehren später nicht mehr in den Stock zurück.

Waschbär

Der Waschbär stammt aus Nordamerika und wurde in Deutschland durch amerikanische Soldaten eingeführt. Im Raum Kassel ist er weit verbreitet, mittlerweile aber auch schon im Landkreis Oldenburg angekommen.

Wespenspinne

Foto: Jannes Hunger

Diese netzbauende Spinne mit der namensgebenden Querbänderung des Hinterleibs, lebt an sonnigen Standorten mit Vegetation mit geringer Wuchshöhe. Sie frisst hauptsächlich Heuschrecken, aber auch andere Insekten. Sie kam ursprünglich im südlichen Europa vor, ist mittlerweile auch im Landkreis Oldenburg anzutreffen. Interessant ist der Geschlechtsdimorphismus: Während das Weibchen ca. 25 mm groß wird, bleibt das Männchen ca. 6 mm klein.

Wiedehopf

Der „Irokese“ unter den Vögeln war früher im Landkreis Oldenburg häufiger anzutreffen, als es noch Kopfweiden gab, die regelmäßig beschnitten wurden, wo der Wiedehopf in Höhlen nisten konnte. Die Population ist hier so stark zurückgegangen, dass sie im Moment im Nordwesten erloschen scheint. Im Frühjahr 2007 gab es mehrere Sichtungen eines Vogels in Großenkneten (und Wiesens, Ostfriesland), eine Brut wurde damals vermutet. Danach wurde es wieder still um diesen Vogel, erst im letzten Jahr tauchte wieder einer auf und war in Wildeshausen und Großenkneten kurz zu Gast.

Foto: F. Thielscher/piclease

Der Autor

Max Hunger, Jg. '54, Abitur 1973 am Dietrich-Bonhoeffer-Gymnasium Ahlhorn, studierte Biologie und Sport für das Lehramt an Gymnasien in Hannover, Referendariat in Hamburg, Einstellung 1984 IGS Aurich, ab 1993 OS Ahlhorn, dann ab 1997 bis zur Pensionierung Wechsel ans Dietrich-Bonhoeffer-Gymnasium Ahlhorn. Von 2011 bis voraussichtlich 2026 Kreisnaturschutzbeauftragter, seit einigen Jahren als Naturfotograf unterwegs und in vielen weiteren Bereichen ehrenamtlich tätig: Mitglied im Steinkauzprojekt und Beirat der Naturschutzstiftung Landkreis Oldenburg, Von 2004 bis 2024 Vorsitzender des Hegering Großenkneten, Mitglied im Homepageteam vom www.fuhrenkamp-schutzverein.de (Ganderkesee), Obmann für Öffentlichkeitsarbeit in der Kreisjägerschaft OL-DEL, u.v.m.

Literatur

Heinzel, Hermann, Pareys Vogelbuch, Alle Vögel Europas, Nordafrikas und des Mittleren Ostens, Parey-Verlag, Hamburg 1992

Zahradnik, Jiri, Der Kosmos-Insektenführer, Franckh'sche Verlagsbuchhandlung, Stuttgart 1976

III. Quartalsbericht 2022 Wolfsmonitoring LJN, Landesjagdbericht

Wikipedia